© Éditions Gallimard, 1983
Dépôt légal : septembre 1983
Numéro d'édition : A 39506
ISBN 2-07-039506-5
Imprimé par la Editoriale Libraria en Italie

LE LIVRE DE L'AUTOMNE

COLLECTION DECOUVERTE CADET

Laurence Ottenheimer
Illustrations
de
Henri Galeron

GALLIMARD

Colchiques dans les prés
Fleurissent, fleurissent
Colchiques dans les prés
C'est la fin de l'été

Refrain

La feuille d'automne
Emportée par le vent
En rondes monotones
Tombe en tourbillonnant

Châtaignes dans les bois
Se fendent, se fendent
Châtaignes dans les bois
Se fendent sous nos pas

Nuages dans le ciel
S'étirent, s'étirent
Nuages dans le ciel
S'étirent comme une aile

Et ce chant dans mon cœur
Murmure, murmure
Et ce chant dans mon cœur
Murmure le bonheur.

Francine Cockenpot

Ce livre
appartient à

Automne,
L'eau tonne
Sur le toit ;
Toi, tu ronronnes.
Toiture : on ronne,
Et le rat monne
Et la scie monne
Ah ! la Simonne
Dort sous mon toit.
On scie mon toit
Mais Simon, toi,
Tu t'en moques,
Le chat ronronne,
Le charron ronne
Et le rat monne
Sur le toit.
L'orage
Emplit la tonne,
L'eau rage
L'eau tonne.
L'éclair talonne,
Le cheval rage
Et désarçonne
La mignonne
Amazone
Au pied de l'aune.

L'eau tonne,
L'automne !
Eh, que m'importe ?
Car je t'ai, toi.
Tais-toi.
Ferme la porte,
Ronronne
Et donne-moi
Ta peur sauvage.
Mon amour sage,
Ferme la porte
Dessous mon toit.
Le chat rond ronne,
Le chat ronronne,
L'eau tonne,
L'automne !
Et toi,
Tu dors,
Tu t'abandonnes
Dessous mon toit.
Dessus mon toit
Le gros rat monne
Et la scie monne
Ah ! la Simonne
Comme l'eau rage
Comme l'eau tonne !

Jean Desmeuzes

Septembre

L'automne commence le 22 septembre, à l'équinoxe d'automne, et se termine le 21 décembre au solstice d'hiver.

Au début du mois, le soleil se lève vers 5 h 55 et se couche vers 19 h 30. Les jours décroissent en moyenne de 1 minute chaque matin et de 2 minutes chaque soir.

22	
23	
24	*A la Saint-Firmin, l'hiver est en chemin*
25	
26	
27	
28	
29	*Avant ou après la Saint-Michel, la pluie ne reste pas au ciel.*
30	

Octobre

En octobre, le soleil se lève vers 6 h 45 et se couche vers 18 h 20. Les jours décroissent en moyenne de 1 minute 3/4 chaque matin et de 2 minutes chaque soir.

1 *A la Saint-Rémy,
les perdreaux sont pris.*

2

3

4 *A la Saint-François,
la bécasse est au bois.*

5

6

7

8

9 *S'il fait beau à la Saint-Denis,
le temps sera pourri.*

10

11

En octobre, tonnerre, vendanges prospères.

12

13

14

15 *A la Sainte-Eugénie, les semailles sont finies.*

Octobre n'a jamais passé sans cidre brassé.

16

17

18

19

20

21

En octobre, la lampe neuve, la cave en ordre.

Robert-Lucien Geeraert

22	
23	
24	
25	*A la Saint-Crépin, la pie monte au pin.*
26	
27	*A la Sainte-Antoinette, la neige s'apprête.*
28	*A la Sainte-Simone, il faut avoir rentré ses pommes.*
29	*Saint Narcisse de six à six (la nuit dure de 6 h du soir à 6 h du matin).*
30	
31	*Quand octobre prend sa fin, la Toussaint est au matin.*

Dans les pays anglo-saxons, la nuit du 31 octobre est la fête d'**Halloween.** Cette nuit-là, les esprits des morts errent librement parmi les vivants. Des citrouilles sont creusées, découpées comme des masques et éclairées de l'intérieur par des bougies. Elles représentent ces esprits revenus sur terre.

Novembre

En novembre, le soleil se lève vers 7 h 35 et se couche vers 17 h 20. Les jours décroissent en moyenne de 1 minute 3/4 chaque matin et de 1 minute 1/3 chaque soir.

1 **La Toussaint**

Le 1er novembre est la fête de tous les saints. Le 2 novembre est le jour de la célébration des morts. Ce jour-là, on a pour habitude d'aller au cimetière, fleurir les tombes.

2 Jour des morts

3 A la Saint-Hubert, les oies fuient l'hiver.

4

5

Saint Hubert est le patron des chasseurs. Il vivait au huitième siècle et convertit la Belgique au christianisme. Dans cette région de forêts qu'on appelle les Ardennes, les chasseurs étaient très nombreux. Ils prirent alors comme protecteur cet évêque dont le manteau disait-on, avait le pouvoir de guérir de la rage.

Sur la bruyère, infiniment,
Voici le vent hurlant,
Voici le vent cornant Novembre.

Emile Verhaeren

6

7

8

9

10

11 *A la Saint-Martin,*
la chasse prend fin.

12

13

14

15

16

17

18

L'été de la Saint-Martin aux alentours du 11 novembre est une courte période de jours plus chauds. A cette époque, un nuage de poussière d'étoiles tourne autour du soleil et renvoie sur la terre des rayons supplémentaires, apportant un peu de douceur avant les grands froids.

*Novembre pour dire aux arbres
« déshabillez-vous ».*
Alain Bosquet

19

20

21

22

23

24 A la Sainte-Flora,
plus rien ne fleurira.

25 Sainte-Catherine

A la Sainte-Catherine,
tout bois prend racine.

26

27

28

29

30 Saint André

*Pour la Saint-André
L'hiver nous dit :
« Tu as beau fermer
Portes et fenêtres
Toujours
je passerai. »*

Décembre

En décembre, le soleil se lève vers 7 h 20 et se couche vers 15 h 50. Les jours décroissent en moyenne de 1 minute chaque matin et de 1 minute chaque soir. A partir du 21, ils croissent à nouveau.

*En décembre,
fais du bois
et endors-toi.*

1	
2	
3	
4	
5	
6	*Le jour de la Saint-Nicolas, de décembre est le moins froid.*

Saint Nicolas (Santa Claus) est le Père Noël des pays nordiques. Il dépose ses cadeaux dans les chaussures des enfants.
Le Père Fouettard est le Père Noël des enfants pas sages.

| 7 | |
| 8 | |

Vient décembre,
le ciel descend à pas de neige.

Robert-Lucien Geeraert

9	
10	*A la Sainte-Julie,* *Le soleil ne quitte pas son lit.*
11	
12	
13	*A la Sainte Luce, les jours* *s'allongent d'un pas de puce.*
14	
15	
16	
17	
18	
19	
20	
21	**Début de l'hiver** Jour le plus court de l'année.

En Suède, le 13 décembre, le jour de la Sainte-Lucie, les jeunes filles portent des couronnes de bougies. C'est la fête de la lumière (en latin *lux* signifie « lumière »).

S'il gèle à la
Saint-Thomas,
Il gèlera encore
trois mois.

Nivôse

— *Va-t'en, me dit la bise,*
C'est mon tour de chanter.
Et, tremblante, surprise,
N'osant pas résister,

Fort décontenancée
Devant un Quos ego,
Ma chanson est chassée
Par cette virago.

Pluie. On me congédie
Partout, sur tous les tons.
Fin de la comédie,
Hirondelles, partons.

Grêle et vent. La ramée
Tord ses bras rabougris ;
Là-bas fuit la fumée,
Blanche sur le ciel gris.

Une pâle dorure
Jaunit les coteaux froids.
Le trou de ma serrure
Me souffle sur les doigts.

Victor Hugo

L'équinoxe d'automne

Deux fois par an, à l'automne et au printemps, le jour et la nuit ont la même durée : 12 heures de jour et 12 heures de nuit. C'est la période de l'équinoxe. Le soleil se lève exactement à l'est et se couche exactement à l'ouest.

L'équinoxe d'automne marque le début de l'automne dans l'hémisphère Nord, mais le début du printemps dans l'hémisphère Sud.

Au pôle Nord, va commencer une nuit qui durera six mois. Le soleil ne se lèvera jamais, et même dans la journée, il fera sombre ; ce sera l'hiver.

Au pôle Sud commencera un jour de six mois. Le soleil ne se couchera jamais ; ce sera l'été.

Au prochain équinoxe, au printemps, ce sera l'inverse ; six mois de jour au pôle Nord et six mois de nuit au pôle Sud.

1. Equinoxe 21 mars
2. Equinoxe 21 juin
3. Equinoxe 23 septembre
4. Equinoxe 21 décembre

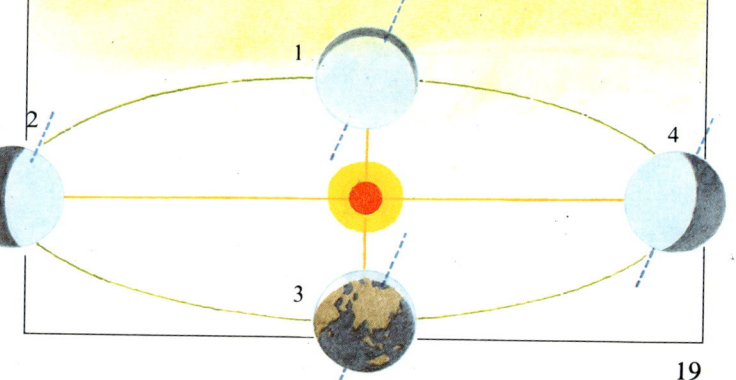

Le ciel d'automne

Les étoiles sont fixes, mais comme la terre bouge, la carte du ciel change chaque jour. Voici celle du 1er octobre, à 10 heures du soir, à la hauteur de Bordeaux.

1. Hercule
2. Le Bouvier
3. La Grande Ourse
4. Le Cocher
5. Persée
6. Cassiopée
7. Céphée
8. La Petite Ourse
9. Le Dragon

Vers le nord

*La nuit se couche au bord des routes
comme un grand chien très doux
et tu cherches à apaiser les étoiles
en les prenant dans tes cils.*

Lucien Becker

Le temps d'après les étoiles :

– Si les étoiles sont palichonnes, c'est signe de pluie.
– Si les étoiles « grossissent », le temps sera gris.
– Si les étoiles s'assombrissent, c'est signe d'orage.
– Si les étoiles sont éblouissantes et le ciel sans nuage, c'est signe de froid. Attention à la gelée !

1. Les Poissons
2. La Baleine
3. Le Verseau
4. Le Capricorne
5. Le Sagittaire
6. Le Serpent
7. L'Aigle
8. Le Dauphin
9. Pégase

Vers le sud

La rosée et la gelée blanche

*La pluie ni la neige
 ne durent ;
Pour nous tous
 le soleil se lève
Et grain de rosée
 qui se forme
Scintille autant
 que le diamant.*
                Frédéric Mistral

Souvent au petit matin, les plantes, l'herbe, les pierres du chemin sont recouvertes de petites gouttelettes d'eau qui se sont déposées la nuit. En effet, la nuit, l'air est plus frais, la terre se refroidit, et la vapeur d'eau invisible, contenue dans l'air plus chaud de la journée se condense en petites gouttes d'eau.

Si le froid tombe sur la rosée, les gouttelettes d'eau deviennent de la glace : c'est la gelée blanche du matin.

Un jour la brume en novembre
voulait dormir dans ma chambre
J'ai fermé la porte à clé
la brume m'a encerclé
Brume, brouillard, brouillardise
J'en ai fait ma gourmandise.

Yves Pinguilly

Le verglas

*Brouillard
d'octobre,
Et pluvieux
novembre,
Font bon
décembre.*

Quand la terre est glacée par le froid et qu'un vent doux apporte un air chargé de vapeur d'eau, cette eau se fixe sur le sol et se transforme en couche de glace très dure. Gare alors au verglas !

Le froid, le vent et la pluie peuvent se retrouver pour d'autres aventures et créer la grêle ou la neige.

Le brouillard

Le brouillard se forme par temps calme, lorsque l'air contient trop de vapeur d'eau. Si sur cet air humide et chaud, un courant d'air froid survient, la vapeur d'eau se transforme en minuscules gouttelettes d'eau : elle se condense, et forme un nuage qui reste au ras du sol, ou au ras de l'eau. Il emprisonne tout le paysage et parfois, on y voit guère à plus d'un mètre devant soi.

Murs effacés,
Rues égarées ;
Ville ou village
Dans les nuages ;
Le vent qui dort
Et perd le nord,
Le gris qui mouille
Et broie du noir,
C'est le brouillard
Qui tout embrouille ;

Robert-Lucien Geeraert

Le voici devenu fantôme.
Le voici s'approchant du seuil
Où il jouait seul, autrefois,
Enfant triste au milieu des feuilles
Que semait le brouillard
d'automne. (...)
Et comprenant soudain pourquoi,
Dans les automnes d'autrefois,
Le brouillard lui semblait si tendre.

Maurice Carême

La chute des feuilles

Ne croyez pas que les feuilles mortes tombent d'un coup, comme les fruits mûrs, ou sans bruit, comme les fleurs fânées. Celles des aulnes, au bord des ruisseaux, se détachent vers midi et, attardées par des feuilles encore vivantes, par des nids abandonnés qui ne les réchauffèrent pas, arrivent à terre tout juste avant le soleil…
Il y a aussi celles de lierre, couleur d'écorce, qui se collent au tronc et le pénètre peu à peu. Il y a les feuilles qui tombent la nuit, froissant une branche, et s'arrêtant inquiètes, repartant, et dans leur crainte d'éveiller l'arbre faisant plus de bruit encore. Seules les feuilles de tremble s'abattent d'une masse, désargentées. Mais elles-mêmes ce jour-là, se détachaient plus lentement.

Jean Giraudoux

Le ciel creuse des trous entre les feuilles d'or.

Louis Aragon

Il fait de plus en plus froid et la nuit tombe de plus en plus tôt. Dans le tronc des arbres, la sève cesse de monter et reste dans les racines, bien enfouies dans la terre où elles ne craindront plus la gelée. Comme le soleil éclaire moins longtemps la terre, les feuilles des arbres reçoivent moins de lumière et ne fabriquent plus assez de chlorophylle pour rester vertes. Elles se colorent en rouge, brun, jaune, selon les espèces.

Des petites cellules de liège se forment à la base du pétiole qui retenait la feuille au rameau. Cette petite couche de liège rend l'attache plus fragile et la feuille cède au moindre coup de vent. Certaines pourtant ont des vaisseaux plus solides et résistent parfois tout l'hiver avant de se détacher. Elles laissent alors une petite cicatrice en forme de V ou de croissant sur le rameau. Mais, à cet endroit, un bourgeon microscopique annonce déjà le printemps.

Les feuilles de l'automne

Jaune des bouleaux, or des châtaigniers, rouge-violet des chênes, les feuillages s'enflamment, et les feuilles mortes s'entassent sur le sol. Elles s'enfoncent dans la terre, pourrissent et deviendront l'humus, le fumier dont l'an prochain, la plante se nourrira. En les ramassant, il est facile de les reconnaître d'après leur forme ou leur couleur.

Frêne

Tremble

Hêtre

Erable

Merisier

Saule

Châtaignier

Noisetier

Quand la vie est une forêt,
Chaque jour est un arbre
Quand la vie est un arbre
Chaque jour est une branche
Quand la vie est une branche
Chaque jour est une feuille.

Jacques Prévert

Sorbier

Marronnier

Peuplier

Bouleau

Chêne   Tilleul   Charme

Il était une feuille

Il était une feuille avec ses lignes
Lignes de vie
Ligne de chance
Ligne de cœur
Il était une branche au bout de la feuille
Ligne fourchue signe de vie
Signe de chance
Signe de cœur
Il était un arbre au bout de la branche
Un arbre digne de vie
Digne de chance
Digne de cœur
Cœur gravé, percé, transpercé,
Un arbre que nul jamais ne vit.
Il était des racines au bout de l'arbre
Racines vignes de vie
Vignes de chance
Vignes de cœur
Au bout des racines il était la terre
La terre tout court
La terre toute ronde
La terre toute seule au travers du ciel
La terre

Robert Desnos

L'âge des arbres

On peut connaître l'âge des arbres en comptant les cercles qui apparaissent lorsque le tronc est coupé.

Chaque année, il se forme sous l'écorce un mince anneau sombre et un autre plus clair. Ces deux anneaux sont plus ou moins larges. Cela dépend si l'année était pluvieuse ou sèche.

Au milieu se trouve le bois mort et dur ; c'est le **cœur**, rougeâtre.

Autour, il y a l'**aubier** ; c'est la partie vivante de l'arbre, en bois clair et tendre.

Entre l'aubier et l'**écorce**, il y a une couche très mince, le **liber,** qui permet la circulation de la sève. C'est grâce au liber que se fabriquent les cercles annuels, et l'écorce.

1. Le cœur
2. L'aubier
3. Le liber
4. L'écorce

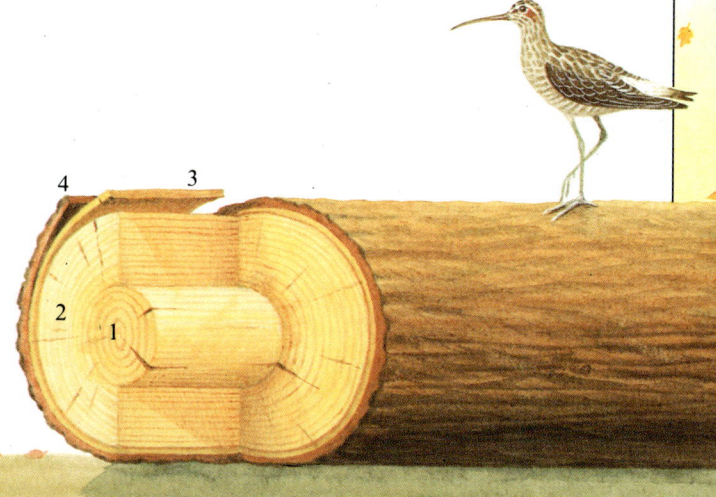

L'écorce des arbres

*L'arbre qui se fait mal
A durer sous l'écorce,
Et davantage encore à vouloir
  se briser
Parfois, depuis le faîte.
Pour décider après de tenter
  d'autres branches
Par où s'éparpiller
Dans des milliers de feuilles.*

Guillevic

Hêtre   Chêne

Tilleul   Pin

Frémissant coffre-fort
cet érable détient la richesse précaire,
fruit de toute une saison.
Jean Orizet

L'écorce est pour l'arbre un véritable bouclier. Elle le protège des intempéries. Celle du hêtre, trop mince, lui fait redouter le gel et le soleil.

L'écorce épaissit avec les années. Les jeunes arbres ont une écorce lisse et mince.

En vieillissant, l'écorce se craquelle et se fend. Les vieux arbres ont souvent de longues crevasses, comme le tilleul ou le chêne.

L'écorce du hêtre, reste toujours lisse et de couleur claire.

Celle du pin fabrique de grosses écailles.

*Quand
le pivert plaint
La pluie
n'est pas loin.*

Cerisier

Bouleau

Erable

Platane

Les graines voyagent

*Je déplace un pied
de Monnaie du Pape
Je coupe
  les roses fanées
et la branche
  de giroflée
qui dépasse
J'en sème la graine
que le vent sèmerait
  mieux que moi*

Clod'Aria

Lorsque le fruit de l'arbre est mûr, une nouvelle aventure commence. Sa chair pourrit, les graines qu'il enferme s'enfoncent dans le sol.

Les petites graines se collent avec la boue aux pattes des oiseaux ou des insectes et germeront plus loin dans la nature.

Les graines plus légères sont transportées par le vent, par l'eau des ruisseaux.

La graine devra supporter la sècheresse et le gel, échapper à la dent des bêtes pour germer au printemps prochain, devenir plante, fleurir et donner un fruit qui voyagera à son tour.

Chaque graine a sa façon de voyager, pour tenter sa chance, loin de sa plante-mère et conquérir une terre nouvelle.

Les grosses graines *(gland, noisette)* seront peut-être emportées par un écureuil ou un mulot.

Gland

Les graines ailées *(érable, tilleul, frêne)* tournoient dans le vent qui les emporte.

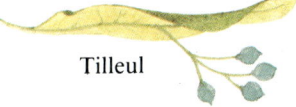

Tilleul

Les graines-plumes *(pissenlit)* peuvent parcourir plusieurs kilomètres, suspendues à leur parachute.

Pissenlit

Les graines-projectiles *(genêt, monnaie du pape)* sont projetées hors de leur gousse lorsque celle-ci est mûre.

Monnaie du pape

Les graines piquantes *(bardane)* s'accrochent à la fourrure d'un animal.

Noisette

Frêne

Erable

Graines de pissenlit

Genêt

Bardane

Quand je vais dans la forêt
Je regarde les champignons
L'amanite elle a la grippe
La coulemelle n'est pas très très belle
La morille est mangée de ch'nilles
Le bolet n'est pas frais, frais, frais
La girolle fait un peu la folle
La langue de bœuf n'a plus l'foie neuf
Le lactaire est très en colère
Le clavaire çà c'est son affaire
Le cèpe de son côté perd la tête
Moi, je préfère les champignons d'Paris
Eux, au moins, n'ont pas d'maladies.

Pascale Pautrat,
Jacqueline Salouadji

Les champignons

Les champignons n'ont ni branches, ni feuilles, ni fleurs. Ce sont pourtant des plantes. Ce que l'on voit hors de la terre est la partie reproductrice. L'autre partie, cachée dans le sol est un ensemble de filaments blanchâtres qui produit le champignon. Les champignons ne se reproduisent pas par graines mais par spores. Ces spores sont minuscules et infiniment nombreuses car bien peu survivent. Enfin, les champignons n'ont pas besoin de chlorophylle (cette matière colorante, verte) pour vivre ; aussi sont-ils de toutes les couleurs, sauf verts. Leur nourriture, ils la trouvent dans le sol, sur un tronc d'arbre pourri, dans les feuilles mortes. Voilà la plante bien étrange qu'on appelle le champignon.

1. Chapeau
2. Peau du chapeau
3. Chair
4. Partie reproductrice.
5. Anneau.
6. Pied

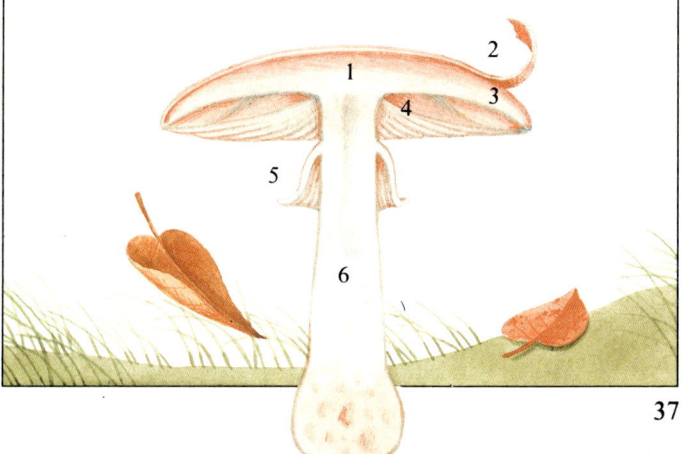

Les champignons comestibles

Voici les champignons comestibles que vous rencontrerez le plus souvent dans les prés, les forêts de feuillus ou de sapins.

Les marasmes des Oréades ou « ronds de sorcières » (1).

Poussent en anneaux, dans les prés. L'anneau s'agrandit chaque année de 15 à 30 centimètres. Certains sont plusieurs fois centenaires.

Le cèpe d'automne (2).

Pousse en plaine, dans les bois de feuillus et en montagne, dans les forêts de sapins.

La girolle (3).

Pousse dans les bois de feuillus et de pins, dans la mousse, sous les feuilles mortes ou les aiguilles de pins.

La trompette de la mort ou « corne d'abondance » (4).

Pousse dans les forêts, sur les sols boueux d'automne.

Le champignon de Paris (5).

Cultivé dans les champignonnières. Mais on le trouve aussi dans les jardins, au bord des routes.

Le bolet (6).

Pousse en été et en automne sous les pins, les châtaigniers, les chênes et les hêtres. Il est d'un beau brun chatain foncé.

Le rosé ou « boule de neige » (7).

Pousse dans les champs cultivés et dans les prairies.

Le pied de mouton (8).

Pousse dans les bois de feuillus et sous les épines de pin en formant parfois des cercles. Il est meilleur jeune.

La coulemelle (9).

On la trouve en été et en automne, dans les prés.

Il existe bien d'autres champignons délicieux, mais il faut être prudent, et bien les connaître. Dans le doute, ne les cueillez pas.

39

Les champignons vénéneux

1. Volve
2. Anneau
3. Lamelles

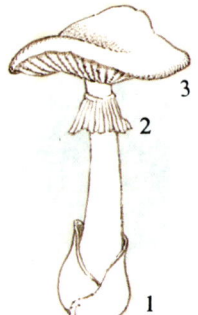

Une trentaine d'espèces de champignons, sur les milliers qui peuplent les bois et les campagnes, guettent les cueilleurs imprudents. Ils ne sont pas tous mortels mais peuvent rendre très malades ceux qui y goûtent.

Laissez aux limaces ceux qui vous semblent un peu suspects !
Ceux qui possèdent :
1. Une volve, sorte de poche, de peau enveloppant le pied.
2. Un anneau ou une bague sur la tige, de couleur tendre.
3. Des lamelles sous le chapeau, également de couleur blanche.

Le strophaire vert de gris (1).
Pousse en été et en automne, dans les forêts, les bois, le long des sentiers, parmi les feuilles mortes.

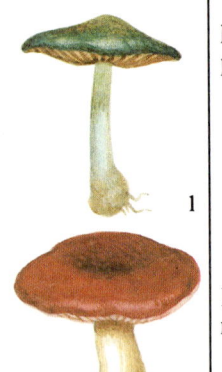

La russule émétique ou « colombe rouge » (2).
Pousse en automne, dans les bois sablonneux, les marais, les forêts de feuillus et de conifères.

L'hébélone brûlant (3).
Pousse en automne dans les terrains variés, en général dans les bois.

L'amanite tue-mouche (4).
Pousse d'août à novembre, dans les forêts de feuillus et de conifères, souvent sous les bouleaux.

L'amanite panthère (5).
Pousse de juillet à novembre, dans les forêts de feuillus et de conifères.

L'amanite phalloïde (6).
Pousse de juillet à novembre, dans les bois de feuillus, sous les chênes et les hêtres.

Pour abriter la coccinelle
Un champignon rose a poussé
Il étend sa petite ombrelle
Et lui dit :
  « Viens te reposer »
L'escargot le voyant
  si tendre
S'approche
  et vient le dévorer.

Marthe Blanquet Guillaume

*Quand il fut dans le bois,
Le loup n'y était pas.*

*Quand il fut près du puits,
Le renard avait fui.*

*Quand il fut près du pré,
La pie l'avait quitté.*

*Quand il fut dans le champ,
Plus le moindre faisan.*

*Il jeta son fusil
Et vit, tout ébahi,*

*Le faisan dans le champ,
La pie au cœur du pré,
Le renard près du puits,
Le loup dans le taillis.*

*Il en fut si marri
Qu'il reprit son fusil.*

*Et soudain plus de loup,
Plus de renard surtout,
Plus de pie, de faisan,
Lui tout seul, comme avant.*

Maurice Carême

La chasse

Il est loin de nous, le temps où les hommes partaient à la chasse pour se nourrir ou se vêtir de la fourrure des animaux. Le gibier est devenu plus rare, car les terres sauvages sont moins abondantes : l'homme cultive plus de terre et exploite plus de forêts. Pourtant, la chasse, même si elle est très sévèrement réglementée pour protéger certaines espèces animales, rencontre encore de nombreux amateurs. C'est un sport que l'on peut comprendre et excuser sans pour cela l'admirer.

Saint Hubert (3 novembre) est le patron des chasseurs.

Le camouflage

*La forêt devient
une pelisse de renard
ventée et dorée
de part en part.*

Ossip Mandelstam

*L'écureuil
qui devient feuille
et bois
dans sa fuite.*

Jules Supervielle

Pour mieux se camoufler, certains animaux prennent les couleurs de leur environnement.

De novembre à mars, le poil du chevreuil devient gris et se confond avec la végétation des bois.

Le pelage roux vif et brillant de l'écureuil se fonce en gris sur les flancs et les pattes.

*Leste allumeur
de l'automne,
il passe et repasse
sous les feuilles
la petite torche
de sa queue.*

Jules Renard

Le plumage tacheté et rayé de la bécasse se mélange aux couleurs des feuilles mortes.

Certains oiseaux muent. Leurs plumes d'été aux couleurs vives sont remplacées par un plumage aux tons plus discrets. Pendant cette période, ils volent peu et demeurent souvent cachés au creux des fourrés.

Fouine, blaireau et furet
Partout s'insinuent, se faufilent,
Pas un recoin de la forêt
Où ne glisse leur triple aiguille.

On les croît ici, ils sont là,
Ou plutôt, ils y étaient
Un instant plus tôt, tous les trois,
Mais à présent ? Dieu seul le sait !

File la fouine en coup de fouet,
Robe gris-brun, jabot de neige,
Mais non, c'est déjà le furet
Qui passe, ou le blaireau – que sais-je ?
Marc Alyn

Pour observer les bêtes

Voici quelques conseils pour avoir des chances d'apercevoir des animaux sauvages.

Pour ne pas se faire remarquer, porter des vêtements sombres et un bonnet. Pour les observer au moins à dix mètres, se cacher contre le tronc d'un arbre, à plat ventre dans un pré, ou accroupi derrière un rocher, en demeurant immobile. Il est important de se placer dans le sens contraire du vent ; il doit toujours venir de l'animal vers vous. Les animaux repèrent à l'odorat une présence étrangère.

A l'aube et à la tombée du soir, les animaux partent à la recherche de leur nourriture, ce sont les meilleurs moments pour les observer, ils sont moins méfiants. Les bêtes sont plus craintives à la lisière des bois, par temps d'orage, quand le vent est violent ou lorsqu'elles sont près de leur terrier ou de leur nid.

Il vous faudra toujours marcher à pas de loup et vous armer de patience.

Les indices qui permettent de remarquer leur présence : le cri ; l'herbe foulée, les buissons abimés ; les fruits rongés ; les crottes fraîches ; les terriers, les nids (ne pas y toucher, ils sont peut-être habités) ; les traces et empreintes sur la terre mouillée.

C'est peut-être une bête triste et haletante
Je la verrai quand elle surgira du ciel...

Patrice
de La Tour du Pin

*Le jour glacial s'était levé
 sur les marais ;
Je restais accroupi dans l'attente
 illusoire
Regardant défiler
 la faune qui rentrait
Dans l'ombre, les chevreuils peureux
 qui venaient boire
Et les corbeaux criards
 aux cimes des forêts.*

Patrice de La Tour du Pin

Dans les marais

Le canard sauvage ou **colvert**
Cet oiseau migrateur qui s'en va vers le sud à l'automne, vole très haut dans le ciel. On peut l'apercevoir, tôt le matin ou juste avant la tombée de la nuit, passer au-dessus des étangs. Le jour, il somnole sur l'eau.

La sarcelle
Elle est plus petite que le canard et son vol est très rapide.

La bécassine
Elle aime les terrains riches en vers et fouille le sol avec son long bec mince. Elle prend son envol en rasant le sol et fait plusieurs crochets pendant son ascension. Après un court vol en plein ciel, elle se repose brusquement à petite distance de son point de départ.

La sarcelle

La bécassine

Le colvert

Le faisan

Il vit dans les forêts et au bord des marais. Le soir, il se perche haut dans les arbres et dans la journée, court entre les taillis et les ronces. Le mâle est rouge, vert et roux et sa queue a des plumes somptueuses. La femelle est de couleurs plus modestes : grise, beige, tachetée de brun.

Le faisan

La bécasse

Elle aime les sols découverts et humides où elle cherche sa nourriture avec son long bec. Elle est difficile à repérer tant elle se confond avec les feuilles mortes. Elle ne sort qu'au crépuscule.

La bécasse

Dans la plaine

La perdrix rouge

La caille

La perdrix
Elle niche à terre dans les hautes herbes, avec ses perdreaux. Elle vole en ligne droite, en rasant le sol.

La perdrix rouge, plus grosse que la perdrix grise, et plus sauvage, préfère les bois. A terre, elle court plus vite.

La caille
On reconnaît le mâle au collier de plumes sombres qu'il porte sous la gorge. Son chant est célèbre car il ressemble au dicton humain « paie tes dettes ». La femelle a la poitrine tachetée de brun.

Le lapin

Le lièvre

Le lapin de garenne
Il creuse son terrier dans la plaine ou dans les bois. De février à l'automne, la femelle a environ cinq portées de lapereaux. Ils nichent dans la rabouillère, nid garni de poils et de feuilles.

Le lièvre
Il fréquente surtout les plaines. Il est plus grand et plus gros que le lapin (4 à 5 kg). La femelle, la hase, a plusieurs portées de 2 à 4 levrauts par an.

*Le lièvre était toujours
A l'orée du bois.*

*La plaine toujours
Disait la rosée.*

*Le vent découvrait
La frayeur du lièvre.*

*Le chemin toujours
Allait vers le bois.*

C'était toujours l'heure.

Guillevic

Le cerf

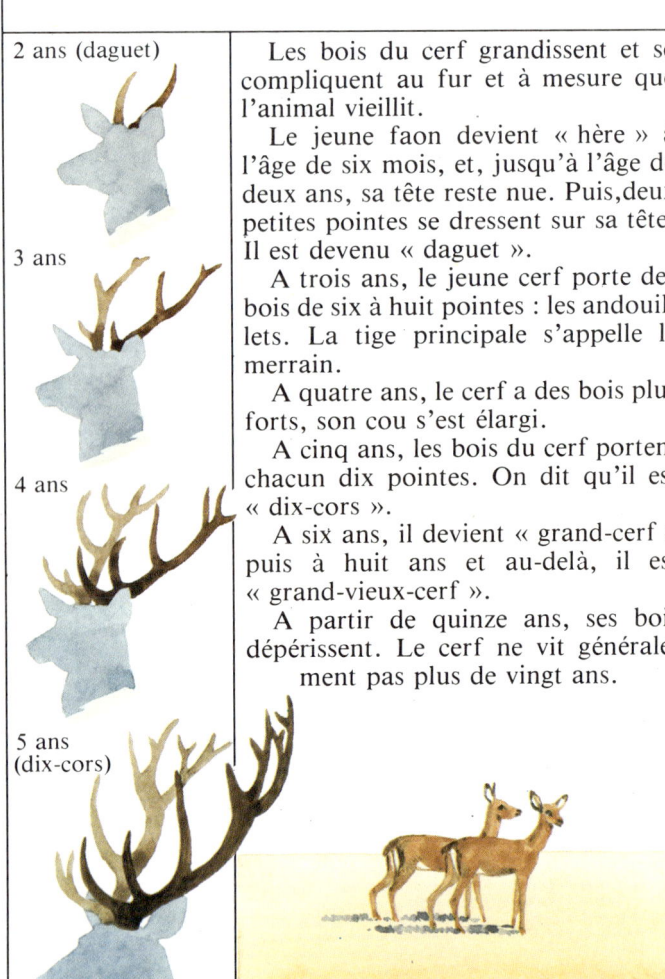

2 ans (daguet)

3 ans

4 ans

5 ans (dix-cors)

Les bois du cerf grandissent et se compliquent au fur et à mesure que l'animal vieillit.

Le jeune faon devient « hère » à l'âge de six mois, et, jusqu'à l'âge de deux ans, sa tête reste nue. Puis, deux petites pointes se dressent sur sa tête. Il est devenu « daguet ».

A trois ans, le jeune cerf porte des bois de six à huit pointes : les andouillets. La tige principale s'appelle le merrain.

A quatre ans, le cerf a des bois plus forts, son cou s'est élargi.

A cinq ans, les bois du cerf portent chacun dix pointes. On dit qu'il est « dix-cors ».

A six ans, il devient « grand-cerf » puis à huit ans et au-delà, il est « grand-vieux-cerf ».

A partir de quinze ans, ses bois dépérissent. Le cerf ne vit généralement pas plus de vingt ans.

A la fin de septembre et en octobre, les cerfs solitaires rejoignent les biches pour s'accoupler. Chaque cerf essaie de rassembler autour de lui plusieurs femelles. Si des rivaux l'en empêchent, des bagarres éclatent, mais les combats sont rarement mortels. A cette époque, les mâles poussent des bramements qui ressemblent un peu aux meuglements des vaches.

*Dans le cristal
  d'une fontaine
Un cerf se mirait
  autrefois
Louait la beauté
  de son bois...*

Jean de La Fontaine

Les oiseaux de proie

L'aigle royal

Le vautour fauve

Le milan noir

L'autour

Le faucon crécerelle

L'épervier

*L'oiseau seul
a tout le ciel
pour s'étirer dans tous les sens*
    Paul Vincensini

La plupart de ces rapaces migrent à l'automne vers les régions plus chaudes.

En octobre, les buses de Suède et du Danemark viennent passer l'hiver dans nos bois. Elles chassent les campagnols, les taupes, les lapereaux, les merles, les vers de terre.

Le faucon crécerelle traverse souvent la Méditerranée pour passer l'hiver en Afrique du Nord.

Le milan noir atteint même le sud de l'Afrique.

*La buse qui plane
haut sur les pays
 forêts,
  eaux et plaines
dans l'azur hanté
est très loin
  de se douter
que son ombre
  la trahit.*

    Bernard Lorraine

*Buse planant,
Beau temps.*

La buse variable

Les baies sauvages

*La forêt sur la langue
Dans le parfum d'une mûre.*

Louis Guillaume

Dans les bois, les haies se couvrent de baies brillantes. Celles qui sont sur cette page sont bonnes à manger. On en fait des sirops, des confitures, des gelées ou des liqueurs.

La framboise — La mûre — La myrtille

L'airelle — La prunelle — La fraise des bois

L'églantier — Le sorbier des oiseaux — Le genévrier

> *Ils brillaient à travers le feuillage épineux*
> *qui déchira nos mains*
> *lorsque nous voulûmes les prendre ;*
> *et notre soif n'en fut pas beaucoup étanchée.*
> André Gide

Mais attention, toutes les baies ne sont pas bonnes. Laissez celles-ci aux petits oiseaux.

La belladone   Le chevrefeuille des bois   Le troène

La viorne   L'arum tacheté   La morelle noire tue-chien

Le lierre   La vigne-vierge   Le sureau noir

Le fusain d'Europe   Le houx   Le sceau de Salomon

Le rat musqué

*Près de la rivière
Vit un rat musqué
Dans une chaumière
En préfabriqué.*

*Avec ses lunettes,
Son bonnet de nuit,
Les bergeronnettes
Se moquent de lui.*

*Il fume la pipe
Comme un vieux troupier,
Soigne ses tulipes
Et ses cors au pied.*

*Sa femme est chaisière
A Sainte-Isabeau.
Ils font des croisières
Dans un vieux sabot.*

*Le soir, à la flûte,
Cet ami des arts,
L'œil grave, exécute
Wagner et Mozart.*

Jean-Luc Moreau

On l'appelle « musqué » à cause de l'odeur forte que produit certaines de ses glandes. L'hiver, son odeur devient plus faible.

Il sort surtout la nuit, mais aussi le jour quand il doit s'occuper de ses petits.

Il creuse son terrier dans les berges, des rivières et des étangs. L'entrée est bien protégée : elle se trouve juste au-dessous du niveau de l'eau.

Fraîcheur des herbes ! un matin de clarté pure
Tout humide des averses de la nuit
Rouvre à chaque miroir qui sur les feuilles luit
Le rêve ancien d'un ciel lointain et calme.
André Fontainas

Le rat musqué se nourrit surtout de plantes, plus rarement de poissons et de grenouilles. Il ne fait pas de provisions pour l'hiver.

C'est un très bon nageur. Ses oreilles se bouchent par une petite peau, et ses narines se ferment automatiquement. Il peut rester douze minutes sous l'eau sans reprendre son souffle, mais bien souvent, il ressort au bout de cinq minutes.

Le martin-pêcheur

*Il va pêcher le goujon
Dans le fleuve,
 auprès des joncs,
Se régale d'alevins,
Boit de l'eau
 mais pas de vin.*
Robert Desnos

Le martin-pêcheur se perche, à l'affût, sur une branche au bord de la rivière.

Dès qu'il repère un poisson, il plonge en un piqué vertigineux. Il s'étire de toute la longueur de son corps pour être encore plus rapide et freine brusquement en écartant les ailes.

Le martin-pêcheur se saisit du poisson. Il remonte à la surface en battant très fort des ailes et jaillit hors de l'eau, comme une fusée.

Le voilà de nouveau sur son perchoir. D'un grand coup, il frappe son poisson contre une branche pour l'assommer et l'avale.

Mais la plongée n'est pas toujours réussie et le martin-pêcheur doit recommencer bien des fois pour obtenir sa ration quotidienne : une demi-douzaine de poissons.

Il est le feu-follet
  de la rivière
Son éclair bleu
  file comme une pierre
Qu'on a lancé
  et laisse sa lumière
Un bref instant
  au-dessus de l'eau claire.

Francis Jammes

Le voyage des anguilles

Le développement d'une larve d'anguille.

Vers la fin du mois d'octobre, les anguilles se préparent pour un long voyage. Par une nuit de tempête et de pleine lune, elles sortent de la vase, quittent le marais pour le petit ruisseau et cherchent l'eau courante qui les mènera jusqu'à la mer.

Leur voyage se termine dans la mer des Sargasses, le royaume des algues. C'est là qu'elles pondent et meurent. Aucune anguille adulte n'est jamais retournée vers ses rivières.

Les larves nées en pleine mer feront le voyage de leurs parents en sens inverse, vers le continent européen. Il faudra trois ans à ces petits poissons

Mer des Sargasses.

La civelle, ou jeune anguille.

transparents pour retrouver les estuaires des rivières. Les larves qui n'auront pas péri au cours de leur traversée auront déjà sept centimètres de long. Elles seront devenues des « civelles » (jeunes anguilles). Elles remonteront l'eau douce, de fleuves en affluents, de ruisseaux en fossés, jusqu'aux étangs vaseux. Là, elles oublieront bien vite leur mer natale et dévoreront petits poissons, graines et insectes pour devenir de grosses anguilles. Dans dix ou quinze ans, elles reprendront comme leurs parents, la route vers la mer, par une nuit de tempête, en automne.

La pluie au bassin fait des bulles ;
Les hirondelles sur le toit
Tiennent des conciliabules :
Voici l'hiver, voici le froid !

Elles s'assemblent par centaines,
Se concertant pour le départ.
L'une dit : « Oh ! que dans Athènes
Il fait bon sur le vieux rempart !

L'autre : « J'ai ma petite chambre
A Smyrne, au plafond d'un café.
Les Hadjis comptent leurs grains d'ambre
Sur le seuil, d'un rayon chauffé.

Celle-là : « Voici mon adresse :
Rhodes, palais des chevaliers ;
Chaque hiver, ma tente s'y dresse
Au chapiteau des noirs piliers. »

La cinquième : « Je ferai halte,
Car l'âge m'alourdit un peu,
Aux blanches terrasses de Malte,
Entre l'eau bleue et le ciel bleu. »

Théophile Gautier

L'hirondelle

Les oiseaux migrateurs

L'hiver arrive très tôt dans les pays du nord. La nourriture plus rare et le froid chassent les oiseaux vers le sud.

Les cigognes s'envolent les premières dès la mi-août. Le pouillot quitte nos régions seulement fin septembre. Les canards mâles partent avant les cannes qui les rejoindront plus tard. Les femelles pinsons, elles, s'envolent les premières, bientôt suivies des plus jeunes et des mâles.

Les pouillots voyagent en petits groupes. Les chardonnerets, les linottes, les tourterelles se groupent en troupes importantes. Les mouettes s'en vont en famille, les pigeons et les étourneaux forment des bandes de plusieurs centaines.

Au printemps, ils migrent en sens inverse, vers le nord où la nourriture redevient plus abondante.

A la Saint-Michel (29 sept) départ des hirondelles.

La mouette

La cigogne

L'oie sauvage

Les oiseaux migrateurs voyagent toujours vers le sud et franchissent des milliers de kilomètres. Certains ont déjà fait le voyage et se souviennent de la route. Mais c'est surtout le soleil qui leur permet de s'orienter.

Ils choisissent des itinéraires où les

*Palombes,
vous passez
Comme un grand
songe lisse
Au-dessus
des vergers
Où le givre se tisse.*
Marc Alyn

Le canard sauvage (colvert)

étangs et les marais sont nombreux ; ils y font une halte pour se reposer et se nourrir.

Les loriots, les hirondelles, les alouettes, les bergeronnettes et les cigognes voyagent de jour.

Les grives, les fauvettes, les pies grièches, les canards, les oies préfèrent les nuits bien étoilées. Ils se repèrent d'après les étoiles. D'autres voyagent par les nuits de pleine lune.

Le martinet

A quelle vitesse voyagent-ils ?
Le martinet vole à 100 km/h.
Le canard à 80 ou 90 km/h.
L'oie à 80 km/h.
L'hirondelle à 60 km/h.
La mésange, le pouillot et tous les petits passereaux à 30 km/h.
(Leur vitesse est moins rapide quand le vent est contraire).

A quelle hauteur volent-ils ?
   Chaque espèce d'oiseau a une altitude de vol différente. Mais elle peut varier avec le vent et le relief.
Les pinsons volent à 200 m.
Les palombes, entre 800 et 2.400 m.
Les passereaux, au-dessous de 1.500 m.
Les martinets passent inaperçus tant ils volent haut.
Les sarcelles, les oies peuvent franchir de hautes montagnes.

Quelles distances parcourent-ils ?
   Certains oiseaux peuvent franchir 200 à 600 kilomètres en 24 heures ; d'autres ne parcourent que 100 kilomètres en dix jours.

Là-haut où il fait Nord
un enfant esquimau
a perdu ses oiseaux
Il cherche dans la nuit
ses doux amis enfuis

Là-bas au bout du Sud
dans la lumière crue
un enfant fuégien
accueille sur sa main
ses oiseaux revenus
   Bernard Lorraine

La mésange

Le pigeon

Les dernières fleurs du jardin

L'aster

Avant que les premières gelées ne roussissent les plantes, les fleurs de l'automne, les dernières de l'année, fleurissent encore le jardin.

Le chrysanthème est la fleur d'automne par excellence.

Le dahlia

L'hélénie d'automne

Le fuschia

Les herbes de la pampa

Le cyclamen

L'hibiscus

Voici l'automne qui te brise le cœur !
Pars, pars, envole-toi !
« Je ne suis pas belle »,
– ainsi parle l'aster –

Frédéric Nietzsche

Les jardiniers ont croisé cette fleur avec d'autres espèces et ont obtenu des milliers de variétés aux formes et aux couleurs différentes : certaines sont toutes simples, d'autres ressemblent aux anémones ou aux pivoines, d'autres encore ont des fleurs en cascade ou en pompon.

Le chrysanthème

On voit s'ouvrir les fleurs que garde
Le jardin pour dernier trésor.
Le dalhia met sa cocarde
Et le souci sa toque d'or.

Théophile Gautier

La digitale pourpre Le souci La potentille

69

L'escargot

*S'il n'y avait pas
De pluie sur la terre
Il n'y aurait pas
Ruisseaux ni rivières...
Tout serait poussière
Et les escargots
Ils ne seraient guère
A leur affaire.*

Jacques Gaucheron

L'escargot adore la pluie fine, la rosée du matin et l'humidité de la nuit. Sa peau est si perméable qu'elle l'empêche de faire des réserves d'eau. Il fuit le soleil qui le dessèche, et si le temps est trop sec, il se cache et referme sa coquille en construisant une petite cloison de bave qui durcit vite à l'air.

Dès qu'il sent venir le froid de l'hiver, il s'enfonce dans la terre après avoir fermé sa coquille et s'endort pour dix mois.

Dans sa coquille, l'escargot n'est pas toujours à l'abri. La grive sait bien comment briser sa coquille. Elle la saisit avec son bec et la frappe contre une pierre.

Est-ce que le temps est beau ?
Se demandait l'escargot
Car, pour moi, s'il faisait beau
C'est qu'il ferait vilain temps,
J'aime qu'il tombe de l'eau,
Voilà mon tempérament.

Combien de gens, et sans coquille,
N'aiment pas que le soleil brille
Il est caché ? Il reviendra !
L'escargot ? On le mangera.

Robert Desnos

Le calendrier des légumes

*Les salades
et les fruits
n'attendent
que la cueillette,
Mais l'araignée
de la haie
Ne mange
que les violettes.*

Arthur Rimbaud

Septembre regorge encore de légumes verts frais et de fruits. C'est le moment de lier oignons, ail et échalottes en bottes, de rentrer la récolte de pommes de terre et de cueillir les derniers choux.

	Septembre	Octobre	Novembre
 Artichauts	 ✓		
Céléris		✓	✓
 Concombres	 ✓		
 Poireaux		 ✓	 ✓
 Betteraves	 ✓		
 Oignons	 ✓		
 Choux de Bruxelles	 ✓	 ✓	 ✓

à récolter	**à semer**

Puis vient novembre, le temps d'arracher les plantes mortes et de nettoyer le potager avant l'hiver. Les jardiniers préparent sous les chassis les semis de salades et de pois qui surgiront au printemps suivant.

Selon les régions et les climats, ce calendrier peut varier de plusieurs semaines.

Septembre	Octobre	Novembre	
🧺	🫘		Petits pois
🧺			Pommes de terre
	🧺	🧺	Choux d'hiver
Semer et récolter toute l'année			Epinards
🧺	🧺		Carottes
🧺	🧺	🧺	Choux-fleurs
🧺	🧺		Navets

Les fruits de l'automne

Prunes

Les fruits murs, juteux et sucrés se détachent des branches. C'est le moment de les cueillir.

La mirabelle

La reine-claude

Poires

La quetsche

La Doyenne du Comice

La Conférence

La goutte-d'or

La figue blanche

La figue noire

Admirez, crânait la prune,
Prenant le ciel pour miroir,
Le velours de ma robe brune
Dont la lune a tissé les moires.
Charles Dobzinski

Poires

La noix

L'amande

La Louise - bonne
d'Avranches

La Williams

La noisette
La châtaigne

La Beurré Hardy

75

Les pommes

*A la Sainte-Simone
(28 octobre)
Il faut avoir rentré
ses pommes.*

La pomme d'api

Sous le pommier, tout un petit monde s'affaire autour des fruits tombés à terre, attirés par le jus sucré : mouches, coccinelles, papillons, guêpes, fourmis.
Dans l'ombre et l'humidité du fruit, les cloportes sont à l'aise pour travailler, ils ne laisseront que la peau.

Pour conserver les pommes tout l'hiver, il faut les entreposer dans un endroit sombre et frais à l'abri du gel. On les range sur des claies, sans qu'elles se touchent, pour ne pas qu'elles pourrissent.

Le cidre

*Octobre
n'a jamais passé
Sans qu'il y ait
cidre brassé.*

Pour faire du cidre, il faut des bonnes pommes ; des pommes douces et des pommes acides, bien mûres. Autrefois, beaucoup de fermiers fabriquaient leur cidre eux-mêmes. Il fallait d'abord laisser les pommes reposer deux ou trois jours pour qu'elles ramollissent un peu. Puis on les pressait. Le pressage se faisait avec un cheval ou un bœuf qui tirait une immense pierre ronde. Cette pierre tournait dans une grande cuve, en pierre également. Le jus des pommes écrasées était alors versé dans un tonneau, et la pulpe dans un linge qu'on pressait à nouveau pour en extraire le jus restant. L'opération était répétée une ou deux fois.

La fermentation

Le jus est versé dans d'immenses réservoirs ou dans des tonneaux plus petits où on le laisse fermenter. Lorsque le sucre contenu dans le jus s'est transformé en alcool, on obtient un cidre très fort. Pour avoir du cidre doux, il faut retirer le jus fermenté en faisant bien attention de ne pas le mélanger aux dépôts qui sont au fond du tonneau, puis ajouter du sucre et laisser fermenter une seconde fois.

Le cidre s'améliore en vieillissant et il vaut mieux garder le cidre d'un automne jusqu'à l'été suivant avant de le boire.

Sous le ciel de midi, dans l'ardeur de midi,
Une pomme est tombée sur le globe terrestre.
Et l'on remarque
Le coup assourdi,
Le choc de la pomme tombant dans le verger.
Stéphan Chtchipatchev

Les raisins

*Tout déborde
de raisins,
Ça commence
à sentir le vin…*
    Paul Claudel

Il existe deux catégories de raisins : les raisins de cuve qui servent à la fabrication du vin et les raisins de table dont on se régale aux premiers jours de septembre.

Raisins de cuve

Le cabernet franc

Le cabernet sauvignon

Le gamay

Le chardonnay

Le roussanne

Le sauvignon

Certain renard gascon, d'autres disent normand,
Mourant presque de faim, vit au haut d'une treille
Des raisins mûrs apparemment,
Et couverts d'une peau vermeille.
Le galant en eût fait volontiers un repas ;
Mais comme il n'y pouvait atteindre :
« Ils sont trop verts, dit-il,
et bons pour des goujats. »

Fit-il pas mieux que de se plaindre ?
Jean de La Fontaine

Raisins de table

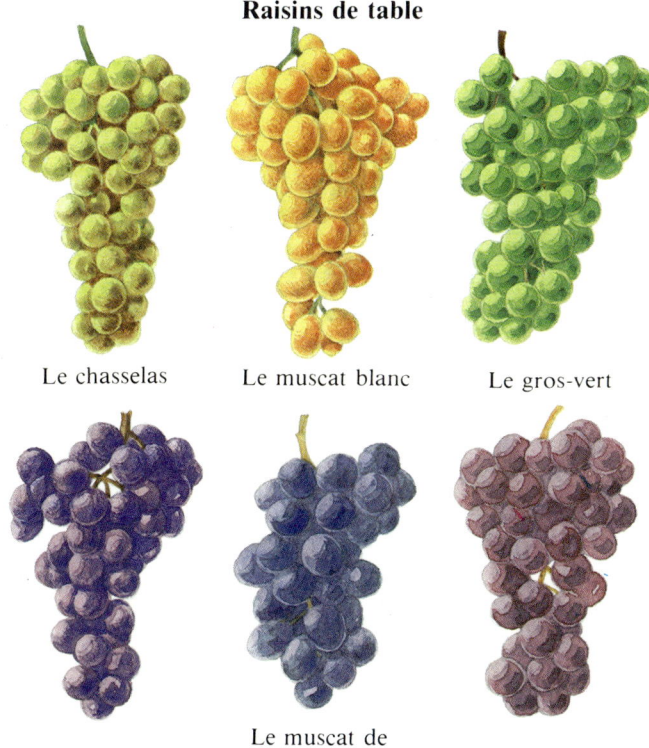

Le chasselas   Le muscat blanc   Le gros-vert

L'Alphonse-Lavalée   Le muscat de Hambourg   Le frankhental

Les vendanges

*Et clac !
Le vigneron
Avec ses grands
       ciseaux
Qui font clac ! clac !
Plus fort que le bec
    du corbeau.*
       André Spire

Sur les collines ensoleillées, les vendangeurs sont au travail. La vigne regorge de grappes mûres, résultat d'un soin constant tout au long de l'année. En hiver, on a labouré le sol entre les rangées de ceps. Puis, avant le printemps, il a fallu tailler chaque pied pour diriger la sève vers les sarments qui donneront de belles grappes. De chaque bourgeon, doit en effet sortir un pampre qui doit avoir sa part d'air et de soleil. Lorsque la grappe est formée, il faut lutter contre les ennemis de la vigne : rouille, mildiou, insectes. Le vigneron doit traiter sa vigne avec toutes sortes de produits.

Le soleil d'été mûrit ensuite la grappe. Chaque jour de chaleur rend le raisin plus sucré. A l'automne, chaque vendangeur armé d'un sécateur, coupe les grappes et les met dans un panier. Du panier à la hotte, de la hotte à la cuve, les grappes s'entassent sur la charrette qui les emporte vers la cave du vigneron.

Filles, garçons, à paniers pleins
Portez de toute votre force
Le raisin à la noire écorce
Sur votre épaule et sur vos reins.

Sus, versez dedans le tonneau,
Et des pieds seulement y foulent
Les hommes nus, et qu'ils écoulent
Des grappes le germe nouveau.
Rémi Belleau

Le vin

Le temps réserve bien des surprises au vigneron. D'une année sur l'autre, le vin n'a jamais tout à fait le même goût. Ce sont les années sèches qui donnent les meilleurs vins, car le soleil rend les grappes sucrées.

Dans la grande cuve, les grappes vendangées sont écrasées par le pressoir. Autrefois, on foulait le raisin en dansant pieds nus sur les grappes.

Le jus sucré, qu'on appelle le moût, sort de la cuve. Pour devenir du vin, il doit fermenter. Le vigneron le mélange alors à la peau des raisins écrasés qui contient le ferment.

Le jus ainsi fermenté est versé dans les tonneaux gardés à l'abri de la lumière dans des caves fraîches, puis mis en bouteilles.

De la vigne à la bouteille, le travail du vigneron demande beaucoup de patience.

Avec les mêmes raisins, on peut faire du vin rouge ou du vin blanc.

Pour faire du vin rouge, le vigneron laisse fermenter le jus avec les peaux du raisin. Pour le vin blanc, le vigneron ne garde que le jus clair.

Quand octobre prend sa fin, dans la cuve est le raisin.

*Chantons la vigne
La voilà la jolie vigne*

Refrain :
*Vigni, vigni, vignons le vin
La voilà la jolie vigne au vin
La voilà la jolie vigne*

*De vigne en terre
La voilà la jolie terre*

*De terre en cep
Le voilà le joli cep*

*De cep en pousse
La voilà la jolie pousse*

*De pousse en feuille
La voilà la jolie feuille*

De feuille en fleur

De fleur en grappe

De grappe en cueille

De cueille en hotte

De hotte en cuve

De cuve en presse

De presse en tonne

De tonne en cave

De cave en perce

De perce en cruche

De cruche en verre

De verre en trinque

De trinque en bouche

Chanson populaire

La campagne au repos

*Quand les longues nuits recommencent
Certains soirs de l'arrière été,
Les champs gardent un tel silence
Qu'on les croirait inhabités.*

*Personne sur le seuil des portes ;
Pas une poule dans la cour ;
La vieille maison semble morte
Et solitaire pour toujours.*

*Mais lorsque à l'heure accoutumée
Au lointain on commence à voir
S'élever, lente, la fumée
Qui s'échappe d'un toit, le soir...*

*... (Et) le pays se rassérène
A mesure qu'à l'horizon,
Haute, sinueuse et sereine,
Monte l'haleine des maisons.*

Louis Mercier

Le petit lexique de l'automne

Amanite tue-mouche
Elle est belle, rouge, tâchetée de blanc, mais très vénéneuse.

Avent
Nom des quatre semaines qui précèdent Noël.

Bramer
A l'aube des jours déjà froids de la fin septembre, et jusqu'à la mi-octobre, les grandes forêts raisonnent des bramements des cerfs. Ils clament leurs appels aux femelles et provoquent les autres mâles à la lutte.

Brumaire
Les révolutionnaires de 1789 avaient réinventé les mois. Ils portaient des noms très évocateurs. Ainsi, « brumaire », le mois des brumes, correspond à peu près à notre mois de novembre.

Châtaigne
En Ardèche, c'est la reine de l'automne. Bien qu'elle lui ait emprunté son nom quand elle est transformée en confiserie (marrons glacés, crème de marron, etc...), il ne faut pas la confondre avec le marron d'Inde. Ce dernier pousse sur les grands marronniers que nous connaissons bien mais lui, n'est pas comestible.

Colchique
La colchique dont les feuilles apparaissent presque six mois avant les fleurs, est aussi appelée « tue-mouche », car elle est très vénéneuse. Autrefois, Médée, la magicienne, utilisait la colchique, fleur de son pays, la Colchide, pour préparer les affreux poisons qu'elle administrait à ses victimes.

Dionysos
Dieu grec de la vigne et du vin. Les Romains le célébrait sous le nom de Bacchus.

Espalier
La culture en espalier consiste à faire pousser les branches d'un arbre fruitier à plat contre un mur ensoleillé. Les branches

87

sont ainsi bien exposées et tous les fruits peuvent se gorger de soleil.
Espalier vient d'un mot italien, *spalla*, qui veut dire « épaule », car l'espalier soutient l'arbre.

Fauvette
Elle est le dernier oiseau migrateur à nous quitter. Elle reste dans nos pays jusqu'à la fin octobre.

Gibier
Pour protéger le gibier, la durée de la chasse est réglementée. L'ouverture se fait au début de l'automne. Au printemps (saison des amours et des petits) et en été (saison de la croissance) il est formellement interdit de chasser les animaux.

Haies
En automne sont particulièrement bruissantes de vie. Les baies qu'elles renferment attirent les oiseaux et les rongeurs, occupés à faire des provisions pour la mauvaise saison.

Imperméable
C'est assurément le vêtement le plus utile quand les pluies et les brumes de l'automne réapparaissent.

Juchoir
Perchoir à l'intérieur du poulailler où les poules se perchent, après la tombée du jour, pour dormir.

Kyste
C'est un phénomène de protection contre le froid pour les graines et pour certains champignons. Le kyste est formé à sa périphérie d'une membrane épaisse et résistante.

Labours
Dans les pays tempérés, on sème généralement le blé à l'automne, car il fournit ainsi une moisson plus précoce. On peut aussi semer le blé au printemps, mais il faut attendre que la terre soit un peu chaude. Dans les deux cas, les semailles sont précédées de labours : la terre est retournée pour recevoir les graines.
A l'automne, le fermier laboure son champ après les moissons.

Moût
Jus de raisin non encore fermenté.

Nivôse
Le mois de la neige, dans le calendrier de la Révolution française. Il commençait le 21 décembre et se terminait le 19 janvier.

Noix
Les noix, que l'on gaule à l'automne, fournissent des amandes savoureuses dont on peut extraire une huile très riche. Quand au brou, peau verte qui recouvre la coque, les menuisiers l'utilisent, réduit en liquide, pour teindre et protéger le bois.

Oies sauvages
Elles font partie de ces grands oiseaux qui, à l'automne, quittent les pays nordiques pour se réfugier sur nos côtes, plus chaudes. Curieusement, elles apparaissent au moment où nos petits migrateurs filent vers le sud.

Peigne
On l'utilise pour récolter les myrtilles. Sous ses dents métalliques qui ratissent le sommet des arbustes, est fixée une petite boîte destinée à recueillir les baies.

Poison
A l'automne, la forêt est pleine de baies rouges, violettes et noires très appétissantes. Mais attention, elles ne sont pas toutes bonnes à manger ! Certaines, comme la belladone, le cornouiller sanguin, la viorne, la douce-amère et la bryone contiennent des poisons violents.

Quetsche
Grosse prune violette, longue et ferme qui est récoltée après les autres prunes. Elle prend toute sa saveur sur une tarte ou transformée en eau-de-vie.

Roncier
Il donne les mûres. Les hommes et les oiseaux en raffolent.

Samare
Le fruit de l'érable, appelé aussi « pince-nez », est muni d'ailes. Il peut ainsi voler loin de l'arbre-mère pour se transplanter.

Tétra
En montagne, à la fin de l'automne, ces beaux oiseaux à la queue en forme de lyre et au plumage variable, recherchent les versants secs et bien abrités où ils seront mieux protégés des rigueurs de l'hiver.

Uva ursi ou raisin d'ours
C'est le nom d'un arbrisseau de la même famille que les bruyères, les arbousiers et les myrtilles. En automne, il donne des petits fruits rouges et acides qui ressemblent aux arbouses.

Vendémiaire
Le mois du vent, dans le calendrier de la Révolution française. Il commençait le 22 septembre et se terminait le 21 octobre.

Verlaine
Vous connaissez sans doute le célèbre poème de Paul Verlaine,

Chanson d'Automne :
Les sanglots longs
Des violons de
*   l'automne*
Blessent mon cœur
D'une langueur
*   monotone.*

Williamine
Eau-de-vie que les paysans du Valais, en Suisse, obtiennent à partir de la William, une des poires les plus fondantes.

Xanthie
Il est jaune, c'est le plus coloré des noctuelles (papillons nocturnes) dont les teintes sont ternes comparées à celles des papillons de jour. Pour dormir, les papillons de nuit replient leurs ailes à plat sur leur dos. Quant aux papillons de jour, qui se reposent la nuit, ils referment leurs ailes verticalement les unes contre les autres.

Yèble
Variété de sureau dont les oiseaux se régalent des graines longues et noires.

Zinzinuler
La fauvette, la grive et la mésange zinzinulent dans les haies où elles cherchent leur nourriture. Ce gazouillis emprunte son nom au bruit qu'il fait ; c'est une onomatopée.

Biographies

Après avoir enseigné l'histoire et la géographie pendant quelques années, **Laurence Ottenheimer** a abandonné l'estrade de professeur pour travailler dans un journal pour enfants. A présent, elle s'occupe de collections de livres d'enfants aux Éditions Buissonnières.
En écrivant le livre de chacune des saisons, elle a parfois trouvé difficile de séparer l'année en quatre épisodes distincts, tant peut être floue la limite entre les saisons : le printemps faisant parfois irruption au cœur de l'hiver, ou l'été, certaines années, cédant à contrecœur la place à l'automne.
Ces quatre petits livres représentent l'année idéale qu'une citadine aimerait bien passer à la campagne.

Henri Galeron est né en 1939 dans un village provençal. Après des études aux Beaux-Arts de Marseille, il sera d'abord créateur de jeux éducatifs, puis rencontrera Harlin Quist qui lui proposera l'illustration d'un premier livre en 1973. Depuis il n'a cessé de créer des images pour enfants. Il conçoit également des couvertures de livres, des pochettes de disques, des affiches de films et de publicité.
Pour Folio junior il a déjà réalisé de nombreuses couvertures et pour Enfantimages illustré *Voyage au pays des arbres,* de J.-M.-G. Le Clézio, *Le Doigt magique* de Roald Dahl et *La Pêche à la baleine* de Prévert.

Table des poèmes

6. Francine Cokenpot, «Colchique dans les prés» (Ed. du Seuil). **8.** Jean Desmeuzes, Automne (*La Nouvelle Guirlande de Julie,* Ed. Ouvrières, 1976). **12.** Robert-Lucien Geeraert, «En Octobre»... (*Des mots nature,* Unimuse, Tournai, 1980). **14.** Emile Verhaeren (*Les Villages illusoires,* Mercure de France). **15.** Alain Bosquet, «Novembre pour dire»... (*La Nouvelle Guirlande de Julie,* Ed. Ouvrières, 1976). **17.** Robert-Lucien Geeraert, «Vient décembre»... (*Des Mots nature,* Unimuse, Tournai, 1980). **18.** Victor Hugo, Nivôse (*La Chanson des rues et des bois,* 1865). **21.** Lucien Becker, «La nuit se couche»... (*Plein d'amour,* Gallimard, 1954). **22.** Frédéric Mistral, «La pluie ou la neige»... (*Les Olivades*). **23.** Yves Pinguilly, «Un jour de brume»... **24.** Robert-Lucien Geeraert, Le Brouillard (*Des Mots nature,* Unimuse, Tournai, 1980). **25.** Maurice Carême, Le Brouillard d'automne (extrait, *Petites légendes,* Bruxelles, 1954). **26.** Jean Giraudoux, La Chute des feuilles (Gallimard). **29.** Jacques Prévert, «Quand la vie»... (*Fatras,* Gallimard, 1966). **30.** Robert Desnos, «Il était une feuille»... (*Fortunes,* Gallimard, 1942). **32.** Guillevic, «L'arbre qui se fait mal»... (*Le livre d'or des poètes,* Seghers, 1973). **33.** Jean Orizet, «Frémissant coffre-fort»... (*Silencieuse entrave au temps,* Ed. Saint-Germain-des-Prés, 1972). **34.** Clod'Aria, Matin d'été (*La Machine à battre,* Nicolas Imbert Ed., 1974). **36.** Pascale Pautrat, Jacqueline Salouadji, Pauvres champignons (*Fête comme nous,* Ed. Saint-Germains-des-Prés). **41.** Marthe Blanquet Guillaume, «Pour abriter la coccinelle»... (Cité in *Poèmes de partout et de toujours,* Armand Colin, 1976). **42.** Maurice Carême, «Quand il fut dans le bois»... (Au Clair de la lune, Maurice Carême, 1977). **44.** Jules Supervielle, «L'écureuil qui devient feuille»... (*Les Amis inconnus,* Gallimard, 1934). Jules Renard, «Leste allumeur de l'automne»... (L'écureuil). **45.** Marc Alyn, Fouine, blaireau et furet (*l'Arche enchantée,* Editions Ouvrières, 1980). **46.** Patrice de la Tour du Pin, Les Enfants de septembre (*La Quête de joie,* Gallimard, 1933). **47.** Patrice de la Tour du Pin, Les Enfants de septembre (*La Quête de joie,* Gallimard, 1933). **51.** Guillevic, Comment (*Gagner,* Gallimard, 1949). **53.** Jean de La Fontaine, Le Cerf se mirant dans l'eau (*Fables,* L.VI., fable 9, 1668). **55.** Bernard Lorraine, La buse (*Samizdat,* Le Terrain Vague, 1974). **56.** Louis Guillaume, «La Forêt sur la langue»... (*Trésor des rondes et des berceuses,* Ed. Studia). **57.** André Gide, «Ils brillaient»... (*Les Nourritures terrestres,* 1895). **58.** Jean-Luc Moreau, Le Rat musqué (*L'Arbre perché,* Ed. Ouvrières, 1980). **59.** André Fontainas, Fraîcheur des herbes (*La Nef désemparée,* Mercure de France). **65.** Théophile Gautier, Ce que disent les hirondelles, *Chanson d'automne* (Emaux et Camées, 1852). **66.** Marc Alyn, «Palombes»... (*L'Arche enchantée,* Ed. Ouvrières,

1980). **67.** Bernard Lorraine, Oiseaux (*La Poésie comme elle s'écrit*, Ed. Ouvrières, 1979). **69.** Frédéric Nietzsche, L'automne (extrait, *Poètes d'aujourd'hui*, Seghers, 1957-1970). Théophile Gautier, «On voir s'ouvrir»... (extrait, *Emaux et Camées*, 1952). **70.** Jacques Gaucheron, L'escargot (*La Nouvelle Guirlande de Julie*, Ed. Ouvrières, 1976). **71.** Robert Desnos, L'Escargot (*Chantefables et chantefleurs*, Gründ, 1944). **72.** Arthur Rimbaud, Faim (*Les Illuminations*, 1886). **75.** Charles Dobzinski, La prune et l'amande (*Fablier des fruits et légumes,* Ed. Saint-Germain-des-Prés, 1981). **79.** Stephan Chtchipatchev, «Une pomme est tombée»... **80.** Paul Claudel, «Tout déborde»... (*Œuvres complètes,* Gallimard, 1950-1965). **81.** Jean de La Fontaine, Le Renard et les raisins (Fables, 1668). **82.** Rémi Belleau, Description des vendanges (XVIe s.). **85.** «Chantons la vigne», Chanson populaire. **86.** Louis Mercier «La Campagne au repos».

Nous remercions Messieurs les Auteurs et Editeurs qui nous ont autorisés à reproduire textes ou fragments de textes dont ils gardent l'entier copyright (texte original ou traduction). Nous avons par ailleurs, en vain, recherché les héritiers ou éditeurs de certains auteurs. Leurs œuvres ne sont pas tombées dans le domaine public. Un compte leur est ouvert à nos éditions.